世界真奇妙：送给孩子的手绘认知小百科

天气

蟋蟀童书 编著　　刘 晓 译

中国纺织出版社有限公司

图书在版编目（CIP）数据

世界真奇妙：送给孩子的手绘认知小百科. 天气 /
蟋蟀童书编著；刘晓译. -- 北京：中国纺织出版社有
限公司，2021.12
ISBN 978-7-5180-6593-6

Ⅰ. ①世… Ⅱ. ①蟋… ②刘… Ⅲ. ①科学知识－儿
童读物②天气－儿童读物 Ⅳ. ①Z228.1②P44-49

中国版本图书馆CIP数据核字（2019）第188614号

策划编辑：汤 浩　　责任编辑：房丽娜　　责任校对：高 涵
责任设计：晏子茹　　责任印制：储志伟

中国纺织出版社有限公司出版发行
地址：北京市朝阳区百子湾东里 A407 号楼　邮政编码：100124
销售电话：010—67004422　传真：010—87155801
http://www.c-textilep.com
中国纺织出版社天猫旗舰店
官方微博http://weibo.com/2119887771
北京佳诚信缘彩印有限公司印刷　各地新华书店经销
2021年12月第1版第1次印刷
开本：787×1092　1/16　印张：14.75
字数：250千字　定价：168.00元／套（全8册）

凡购本书，如有缺页、倒页、脱页，由本社图书营销中心调换

保护环境，珍爱地球

"晚上为什么看不到星星？"

"出门为什么要戴口罩？"

"河水为什么是黑色的？"

小朋友，你们心中是不是都有过这样的疑惑？

其实，这些都是环境污染导致的。

环境污染会破坏地球生态平衡，

造成不可挽回的后果。

地球是我们的家园，

让我们一起伸出双手，

共同保护环境，珍爱地球吧。

趣闻 逸事

伊丽莎白·普勒斯顿　文

环保小卫士

由于气候变化，一个由青少年组成的组织进行了一项大胆的计划：把美国政府告上法庭。法官最近正式受理了孩子们的诉讼。这些学生最小的只有8岁，最大的19岁，他们呼吁美国政府承担起保护环境的责任，让下一代能够生活得更好。他们希望通过诉讼让政府行动起来，减缓气候变化。这样，未来的人们就不用帮现在的我们清理这些烂摊子了。即使过程很艰难，而且孩子们也不一定能够赢得诉讼，但是能让更多的人听到他们的声音，这就已经是胜利的开始了。

聪明的马儿

马儿们虽然不认字，但科学家们发现马能够通过学习，理解一些符号的含义。它们甚至可以用这些符号与人们交流。

科学家们在木板上画了一些标记，然后教马儿用鼻子去碰这些标记。一个标记表示想让人们把温暖的毯子盖在马背上，另外一个标记表示把毯子拿走，第三个标记表示不要打扰我。

训练几次后，马儿就理解了如何使用这些符号。

无论是下雨天还是晴天，马儿们都可以推这些木板，让主人们理解它们的想法，这样它们就可以生活得更加舒服了。

如果这种方法对马这么管用的话……"+"号代表零食！

你好，邻居！

科学家们为什么对一颗叫比邻星b的新行星特别感兴趣呢？这颗行星绕着比邻星转，而比邻星是离太阳系最近的一颗恒星，所以我们叫它"比邻"。科学家们利用径向速度法，探测到了比邻星。

比邻星b离比邻星很近，所以比邻星b的环境温暖舒适，而且这颗星球上可能还有水源的存在，有水的地方就可能有生命的存在。遗憾的是，我们最近的这位邻居也距离我们有4.2光年。所以，如果我们想要去拜访它，可能需要很久才能到。

内斯特码头

杰弗里·艾博勒 文

我们身边可能会出现一些新的动物。因为如果它们的家园变得太炎热或者太干燥，它们只能搬家到这里了。

虫子也会搬过来住吗？

也可能会一直下大雨。

蚊子肯定会的！

好多的水母和乌贼可能也要搬到我们这里来。

太可怕了，有什么办法可以阻止它们吗？

我以后出门只骑自行车，不坐车了。

我要回收利用所有的东西。

我可以多种树，把污染物全部吸走。

过了一会儿。

好了，我现在一点也不担心了。我能适应任何环境！我已经做好准备了。

好吧，那我继续堆雪人吧。

我能借用一下雪人的围巾吗？这里实在是太冷了。

欢迎来到一个

阿曼达·谢泼德 绘

　　地球正在变暖。开车、焚烧雨林等人类的活动会释放大量的二氧化碳和甲烷等气体，这些气体把热量困在大气层里，让地球无法散热。

　　气候不等同于天气。天气是指现在发生的情况，它时时刻刻都在变化着。而气候是几百年或上千年以来天气的规律和特点。所以就算今天寒风刺骨，整个地球还是在变暖。

　　气候变化不总是指夏天更热、冬天更暖。气候变化的影响很复杂，也难以预测。随着地球变暖，一些地方雨水增多，另一些地方雨水减少。以前常常出现在北极的大风正向南方移动，所以有些地方变得寒冷，而地球的其他地方温度却越来越高。

　　随着海洋温度升高，导致冰川融化，改变了洋流，海上的风暴也越来越猛烈。就像多米诺骨牌一样，这些变化的影响越来越广。最终，地球上的所有生物，包括人类，都逃不过气候变化的影响。

地球变暖影响着世界的每一个角落。有时候，这种影响的方式会让人出其不意。

大气污染导致气候变暖

夏天变长

冰川融化

捕食困难

更暖的世界

我们能做点什么吗？

那么，地球上的生物该如何应对这些变化呢？许多科学家也在问这个问题。动物和植物会改变它们的生活方式吗？它们会寻找新的家园吗？或者，它们会灭绝吗？

很久以前，地球的气候比现在更暖或者更冷。气候变化一般非常慢，几万年才会有一点变化。在这漫长的时间里，那些能够适应气候变化的动物，可以繁衍更多的后代。所以，地球上的物种都在慢慢地适应气候的变化。

但现在气候变化得实在是太快了。这让科学家们忧心忡忡。如果气候变化得太快，这些动物和植物来得及适应新环境吗？

最有可能的就是，一些物种能够适应，继续活下去，另一些不能适应，然后被淘汰。那些适应能力很强的物种可以在任何环境中生存，繁衍后代。但很多生物在变化的环境中会生存得很辛苦。有没有什么方法能够保护这些物种，不让它们灭绝呢？这是科学家们思考的另一个难题。

减少温室气体排放是人类能够做到的最有效的解决办法，但我们能不能及时行动起来呢？这才是我们遇到的最大难题。

食物缺乏

打工糊口

幼熊出生数量下降

所有的动物都缺乏食物

去冰川公园散步

麦克·格拉夫　文

阿曼达·谢泼德　绘

黑熊

高山土拨鼠

冰川离我们越来越远.

30多年前，我第一次在向阳大道上骑着车，游览蒙大拿州的冰川国家公园。我费劲地蹬着自行车，沿着山路向上骑，途中，我看见了瀑布、雪原、土拨鼠、大角羊和一头黑熊。那头黑熊正坐在公路中间休息，远方的杰克森冰河闪闪发光。虽然隔得很远，我还是能清楚地看见冰川上的一条条裂缝和阳光下亮晶晶的白雪。这是我第一次见到冰川，从此以后，我就爱上了这里。

冰川上的冰不见了？

远古时期的冰层移动形成了奇特的地貌——冰川，冰川公园的名

在上一个冰川时期，巨大的冰川在移动的过程中打造出了国家冰川公园里面壮丽的山谷和河流。

大角羊

干草堆瀑布

变化就算再微小，比如雨水变多、降雪减少，也会造成巨大的影响。

地球变暖

应该下雪的时候却在下雨

山顶的积雪减少

春天里融化的雪水变少

字由此而来。19世纪末期，探险家们在这里发现了150条冰川和大面积的永久性积雪。

但现在，冰川已经减少到25条了。其余的都已经融化或者缩成小块的了。这全是气候变化导致的。每年，春天都来得更早一些，冬天不那么冷了，夏天更加炎热。一年当中，公园气温超过32摄氏度的天数已经在过去一百年中增加了2倍。

科学家们预测，假如气候继续变暖，到2030年，公园里所有的冰川都会消失。如果你还想去冰川国家公园看冰川，那你得快点出发！就像我曾经遇到的一位护林员说的那样，"冰川很快就会被摧毁了"。

冰川母亲

冰川不仅美丽，还储存了大量的水资源。夏天，冰川的边缘开始融化，凉爽干净的水注入河流。但随着冰川的减少，鱼儿、树木和人类在夏天能够喝到的冰川水也跟着减少。所以，在冰川慢慢消失的同时，许多生物的生活也在发生着改变。

融水石蝇是一种只栖息在冰川下冰水里的小昆虫。随着冰川的减少，融水石蝇的数量也在变少。事实上，它们已经濒临灭绝了。

另一种喜欢在冰水里生活的动物是公牛鳟。它们只会在15摄氏度以下的水里产卵。那么河流温度升高了，它们能够适应吗？或许一些公牛鳟能够在别处找到更冷一点的水流？又或者，它们最后会灭绝？目前，没有人知道答案。

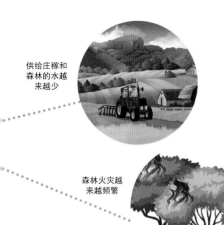

供给庄稼和森林的水越来越少

森林火灾越来越频繁

行走的树木

我开着车在山里穿行，发现在山很高的地方新长了很多树，它们纷纷吐了新芽，要是在以前，那里太冷了，树木根本无法生存。在山脚下，我又发现了一些棕色的枯树。杀死这些树的凶手就是小甲虫们。松甲虫喜欢在树皮底下挖洞，让树枯萎。在过去，寒冷的冬天会把这些害虫冻死。但是随着冬天越来越暖和，松甲虫就变得越来越多。经历了炎热干燥的夏天，大树变得非常虚弱，所以很容易因疱锈病或霉菌而枯萎死亡。

护林员用一小块带有松甲虫气味的布来驱赶松甲虫。当松甲虫闻到了这种气味，

冰川大揭秘

"冰冻三尺非一日之寒"，冰川是一块巨大的冰，冰川要经历无数个冬天才能形成。在夏天，冰川也不会完全融化。冰川面积很大，小一点的也有25个足球场那么大，和办公楼一样高。最大的冰川更是绵延几十米。冰川移动得非常慢，它的底部沿着地面缓缓滑行。有时候，你能听见冰川移动发出的"嘎吱"声。沉重的冰川从山上慢慢向下滑，把一路上遇到的大大小小的

石头都碾成细细的粉末。粉末溶在湖水中会吸收阳光，湖水看起来就格外蓝。所以像绿松石一样颜色的高山湖泊其实带有冰川经过留下的痕迹。

它们就会认为这棵树已经被占领了，所以不会再靠近。因为树太多，不可能每一棵都放一块布，所以护林员只能先保护白皮松林和花旗松林，这些树林很重要，它们能为许多动物提供食物和住处。

快停下，你们别过来！

公牛鳟生活在冰凉的河水中，因为河水温度太低，其他鱼都不能在这里生存。但河水变暖后，湖红点鳟纷纷游过来，侵占了公牛鳟的家园。和公牛鳟一样，融水石蝇也喜欢生活在冰凉的水中。

松甲虫啃食树皮下的树干

松甲虫带着自己的孩子一起啃食树皮底下的树干，破坏了树木运输营养和水分的管道，树便慢慢枯萎死亡了。

灰熊喜欢吃白皮松的松子。因为松子里有很多脂肪，能够让灰熊安心地冬眠。熊什么都能吃，所以就算白皮松子变少了，它们也不会挨饿。但是鸟儿们没有找到足够的松子，要怎么度过寒冷的冬天呢？

森林中的有些地方又长出新的生物，这说明这里最近发生过火灾。森林在火的帮助下，清除枯死的树木，杀死害虫，并且让土地变得肥沃，通过这种方式，森林里的生命不断循环，森林才能保持健康。但是在干燥又炎热的夏天，火灾频繁发生。大火在杀死害虫的同时，树木也很难在大火中生存下来。

偶遇鼠兔

在公园的冰川群中心，宝石冰川和蝶螈冰川仍然稳稳地挂在山上。我们向格林内尔冰川爬去，我们的护林员向导掏出手帕，擦了擦额头上的汗，说："里从来没有这么热过。"

山路的尽头出现了一个蓝色的湖，湖中漂浮着一些冰块。格林内尔冰川就在这个湖的身后，但是比我上一次见到的又小了许多。下一批来这儿的游客会不会只能看见湖，看不到冰川了？

我听到尖锐的口哨声，于是好奇地四处张望，发现了一只小动物，它嘴里塞满了草。这是一只鼠兔，大小和土豆一样，是兔子的亲戚。整个夏天，鼠兔都在忙碌地收集干草，为冬天做准备。但如果天气特别热，它们就躲在岩石下避暑，不会到外面收集干草。如果炎热的日子太多，它们就没办法在冬天之前囤到足够的干草了。目前为止，冰川周围的鼠兔生活没有受到太大的影响。我们遇到的这只鼠兔看起来就快快乐乐的。但它们现在已经

花儿这么早就开了？可是蜜蜂们还在睡觉呢！

格林内尔冰川缓慢地移动，在移动过程中把石头都碾成粉末。这些粉末溶在湖水中，把湖水"染"成蓝色。

北美鼠兔

鼠兔生活在山坡高处的岩石中间。它们厚厚的毛皮可以在冬天保暖。但天气炎热的话，这就不怎么好受了。

生活在公园里最冷的地方了，如果气温一直升高，它们应该怎么办呢？

一百年以后

冰川国家公园和其他国家公园的管理人员和护林员已经开始为气候变化做准备。他们正在观察动植物如何应对气候的变化，以及它们会迁移到哪里。他们也在想办法帮助这些动植物，并预测100年以后公园会变成什么样子。有些公园通过使用太阳能板，回收利用垃圾以及其他方式来节能减排，并呼吁游客们也这样做，为减缓全球变暖出一份力。

地球一直在变化，过去的冰川国家公园和现在也不一样，以后它还会改变。希望我们能一起努力，不让冰川公园变成我们不想看到的样子。但是无论有没有冰川，公园里的风景都非常壮丽，值得一看。说到这儿，我已经开始计划下一次的公园之旅了。

北美貂熊

我能和你一起去吗？

貂熊需要大量的雪来修建巢穴。

雷鸟喜欢开阔的草地，因为在这里它们能够清楚地观察到附近是否有捕猎者。

白尾雷鸟

飞鱿鱼入侵

克里斯汀·米哈罗　文
鲁伯特·范·威尔克　绘

鱿鱼其实不会飞，但有些鱿鱼为了躲避捕食者，能够跃出水面。这就是日本飞鱿鱼。

一个大家伙从海里跃出，它伸展着双鳍，10只长长的触手随风飘扬。它飞到空中，闪闪发光的皮肤从白色变成了紫红色。难道这是来自另一个星球的外星人吗？

某种意义上，它也算是外星人。因为它来自深海，是巨型飞鱿鱼。可能过不了多久，我们身边就会看到许多这种鱿鱼。

巨型鱿鱼

2002年左右，在北太平洋沿美国和加拿大海岸，渔船打捞出了不同寻常的生物：凶猛的巨型红色鱿鱼。还有人说自己见过大群的这种鱿鱼。它们来自哪里？又为什么出现在这里？它们是打算留在这里吗？

这些不速之客是美洲大赤鱿。这是一种大型飞鱿鱼，也被称为红魔鬼。它们之所以有这样可怕的名字，是因为它们浑身通红，并且脾气暴躁。这种鱿鱼一般住在美国南部海岸的深海里。它们全将自己的身体先吸满水，然后排出，这样，它们就能在海里游泳，并时不时跃出水面了。这些鱿鱼可以长到2米长，45公斤重，这几乎相当于一个成年人了。到了晚上，大鱿鱼成群结队地游到

浅一点的海里，捕杀小鱼和
贝类。

20年前，在加利福尼亚北
部的海里很少见到这种巨型鱿
鱼。但现在，人们甚至在北
方的阿拉斯加都见过巨型鱿
鱼。它们也许是为了找食物
才游过去的，也可能是因为
海洋变暖，让巨型鱿鱼的生
活空间变大了。

和鱼一样，鱿鱼呼吸
溶解在水中的氧气。但水
温不同，水中的氧气量就
有差别。海洋变暖以后，
海水中的氧气含量会减少。
而许多大鱼都喜欢生活在氧
气充足的水里。巨型鱿鱼则
习惯了深海的低氧环境。所
以，巨型鱿鱼比其他的捕食者
更能适应变暖的海洋。它们喜
欢到处探索，而且游得飞快。
当海水里的氧气减少后，其他
捕食者纷纷离开，鱿鱼就占领
了这片海域，无忧无虑地享受
大餐。

15

早熟的鱿鱼

2010年，墨西哥湾的渔民们遇到了一个难题。从20世纪90年代鱿鱼从南美游到这里以来，渔民们就一直在捕捞鱿鱼。但是突然间，鱿鱼好像一夜之间就消失了。海洋生物学家因此开始研究鱿鱼的去向。

他们发现，2009年海洋温度升高，也就是发生了我们常说的厄尔尼诺现象，把热带温暖的洋流带到了墨西哥湾。暖洋流中的营养物质很少，不能

养活鱿鱼的猎物们。于是鱿鱼不得不迁移，一路向北160多公里，到了它们更适合捕猎的地方。科学家们在那片海里找到了失踪的鱿鱼们。

并不是所有的鱿鱼都搬去了北方。一些鱿鱼选择留了下来，它们神奇地适应了这里的暖洋流，但它们的身体变得早熟。巨型鱿鱼一般可以活1~2年，1岁的巨型鱿鱼身子能长到60厘米长，这时候，它们开始产卵。但墨西哥湾的巨型鱿鱼

什么是厄尔尼诺现象？

厄尔尼诺指的是一种每隔几年就会在赤道附近发生的太平洋东部变暖的自然现象。大多数情况下，风把海洋表面温暖的海水从东向西吹，横穿整个太平洋，从南美洲吹到亚洲。南美洲深海里冰冷的海水上升，填补这些被吹走的海水。但是在厄尔尼诺发生的时候，西风的风力很弱，有时甚至会改变风向，导致暖洋流聚集在南美附近海域。这就是厄尔尼诺现象。

厄尔尼诺现象可以改变全球气候。它给澳大利亚带去了酷暑，给加利福尼亚带去了洪水，给亚洲带来了超强台风，甚至给遥远的缅因州也带去了暴风雪。鱿鱼第一次向北方迁徙就发生在厄尔尼诺年，当时海洋的温度比往常都高。

厄尔尼诺现象不是由气候变化引起的，但能让我们认识到如果海洋温度升高，整个世界会变成什么样子。仅仅这么一小片海域的温度升高就能引发这么多灾难，那么如果所有海洋的温度一起升高又会带来什么？

海洋中生活着300多种鱿鱼。有的鱿鱼比硬币还小。最大的鱿鱼是大王乌贼，它能长到12米长。巨型鱿鱼只能算中等个头，体型和一个成人差不多。

在6个月大、身长只有30厘米的时候就开始产卵。

墨西哥湾很快就住满了小鱿鱼和它们的宝宝们。大家完全想不到，鱿鱼居然改变了自己的生命周期。它们再也长不到之前那么大，也活不了以前那么久。相反，它们早早地产卵，更快地更新换代。

满世界都是鱿鱼

厄尔尼诺现象每隔几年发生一次，是一种让太平洋东部的海水变热或者变凉的自然循环。但气候变化会让海洋的温度永久性升高。从巨型鱿鱼近几年的生存情况来看，它们已经很好地适应了海洋的变化。

海里的鱿鱼越来越多，鱿鱼的猎物（鱼类、螃蟹、更小的鱿鱼）就会越来越少。一些鱿鱼最爱的食物，比如三文鱼和鳕鱼，也是人类常吃的食物。所以，人类正密切关注着鱿鱼的数量。

但另一方面，对于那些以鱿鱼为食的濒危鲸鱼、鲨鱼和金枪鱼来说，鱿鱼越来越多绝对是个好消息。甚至陆地上的动物有时候也会吃鱿鱼。巨型鱿鱼在探索新海域时，可能会被海水卷上岸，成为熊和狼的盘中餐。

人类也吃鱿鱼。在中国、日本、欧洲和墨西哥，鱿鱼是一种很受欢迎的美食。在太平洋海岸的美国餐厅里也能见到用鱿鱼做的菜。如果巨型鱿鱼的数量太多，而其他海洋物种的数量稀少，我们的菜单可能也要变一变了。有人想吃鱿鱼披萨吗？

达尔文博士帮帮忙

索尔·威克斯特龙 绘

尊敬的达尔文博士：

我在松树上有一个美丽的小窝。最近，许多陌生的小鸟纷纷迁徙到这里，它们说自己以前的家园变得既炎热又干燥，没法继续住了。我也很想热情地欢迎它们，但这是我的树啊！我该怎么做才好呢？

忧忧鸟

亲爱的忧忧鸟：

假如来自南方的小鸟们喜欢你的家，可能很快这里也会变得很暖和，让你受不了。如果你也朝北方飞，找到了新的家园，你希望那里的朋友们怎么对待你呢？所以请友好一些——因为它们也没想到自己原来的家园会发生变化。而且我相信你那儿的虫子足够每一只小鸟吃了。

尊敬的达尔文博士：

我担心我的种族快要灭绝了。我该做点什么呢？

鼠兔 皮特

亲爱的皮特：

物种灭绝是个很严重的问题。但你可以改变生活方式，增强自己的生存能力。如果你喜欢吃草，那么你可以尝试吃更多种类的草。如果天气太热，想办法把厚厚的毛脱掉。你还可以去探索新的家园，或许在加拿大有很多美丽的石缝等着你去安家。多生些小宝宝也是一个不错的办法，这样起码其中一些孩子能继续生存下去。

祝你在接下来的几年里好运连连！

尊敬的达尔文博士：

怎么才能惩罚那些喜欢给我们找麻烦的人类呢？

大树 约书亚

亲爱的约书亚：

虽然人们常常会做些奇怪的事情，但人类和我们一样，都是动物，都有在地球上生存的权力。当有人靠近你的时候，你应该努力让自己看起来精神一些！这样可以提醒人类我们共同生活的家园是多么美好，多么值得被保护。

一只坚强的蝴蝶

道阻且长，行则将至

劳拉·莱恩 文
基思·本迪斯 绘

我幻想自己坐着飞机，飞去了一个新的城市。在那里，我吃到了以前从没见过的美食。那里的天气温暖明媚，但又不会太热，我可以在外面玩耍。我太喜欢这里了，所以我打算在这里安家。

但如果你是一只蝴蝶的话，你就不用坐飞机了。

认识新朋友

几百年来，季诺格纹蛱蝶一直生活在加利福尼亚南部和墨西哥的灌木丛里。这是一种中等大小的蝴蝶，它和一枚大的回形针差不多大。它们的翅膀上布满了红色、黑色和白色的小格子。

春天，雌性季诺格纹蛱蝶飞到矮车前草这种小型开花植物上产卵。它们可以用两条前肢分辨矮车前草。人们依靠舌头上的味蕾分辨食物的味道，而季诺格纹蛱蝶则是靠前肢辨别。不同的蝴蝶喜欢把卵产在不同的植物上，这些植物被称作寄主植物。

产下的卵一周半后就会孵化。毛毛虫咬破卵壳钻出来，然后开始啃食矮车前草的叶子。留给它们美餐的时间很短，因为矮车前草在酷暑中很快就会枯萎而死。

当提供食物的矮车前草死掉以后，这些毛毛虫会做一件神奇的事。它们不再吃东西，

你在做什么？

我试试看我的脚能不能尝出味道。

虽然我很小，但我的适应能力很强！

而是把身体卷成一个球，静静地等待。毛毛虫的这种行为叫作滞育。它们可以这样等好几个星期，如果还是不下雨的话，甚至能持续几个月。这个巧妙的办法可以帮助蝴蝶度过炎炎夏日和其他困难的时刻。

冬末春初，雨水降临。毛毛虫终于醒来，再次开始进食。当长到足够大的时候，它们会变硬成为蝶蛹。在蝶蛹里，毛毛虫慢慢变成蝴蝶。几周之后，季诺格纹蛱蝶就能破茧而出，飞向天空啦。

> 等外面凉快一点了我再出门。

这里太干了，我们快飞走吧！

全球变暖也给季诺格纹蛱蝶带来了麻烦。温度升高不会影响到蝴蝶，因为和所有昆虫一样，季诺格纹蛱蝶也是冷血动物，它们靠阳光取暖。但它们的家园在高温中变得越来越干燥。如果天气特别干燥，矮车前草就不能正常生长。要是季诺毛毛虫找不到足够的食物，它们就没办法获得足够的能量让自己变成蝴蝶。

像洛杉矶和圣地亚哥等城市也开始占领蝴蝶的家园。住宅、高速路和商场取代了草地，而那里原本是矮车前草和其他野生植物生长的地方。蝴蝶观察者们对这些变化感到非常担忧。他们商量着或许可以给季诺格纹蛱蝶找一个新的家园。

但是在环保主义者制定出计划之前，季诺格纹蛱蝶自己先飞走了！一些爱冒险的蝴蝶飞到了加利福尼亚特曼库拉东部的丘陵地区生活。在那里，它们又做了一件出其不意的事情，它们找到了一种全新的寄主植物。

对于季诺格纹蛱蝶来说，这些丘陵原本既寒冷又潮湿，但温度升

> 味道太苦了！

高后，这里变得温暖舒适，很适合它们安家。到了新家，季诺格纹蛱蝶在紫色的寇林希属草上产卵。小毛毛虫好像也很喜欢这种新的寄主植物。

惊人的适应能力

季诺格纹蛱蝶这么快就能搬去新的家园并找到新的寄主植物，这让科学家们惊讶不已。同时，科学家们也在思考，是不是在其他被气候变化影响的地方，许多物种也会做一些让我们意想不到的事来适应环境的变化。

有些动物确实已经这么做了。科学家们在欧洲发现了另外35种蝴蝶也飞去了新的家园，它们有的是跟着寄主植物一起迁徙的，有的只是为了把家搬去一个更凉爽的地方。其他动植物也在迁移，在这个过程中，它们改变了以前的生活方式。

但是，许多科学家仍然担心气候变化的速度太快，许多物种来不

毛太多了！

哇，我喜欢这种花！

神奇的DNA

每种生物的DNA决定了这种生物的身体在一生中会如何变化，而这种终极指令存在于每一个细胞中。科学家们还在DNA中发现了一些神奇的事。一些DNA的编码是静止的，没有得到开发。然而当温度升高，或者感受到压力又或者吃到新的食物时，这些默默无闻的编码就开始发挥作用了。也许正是饥饿和干燥刺激DNA发出新的指令，让季诺格纹蛱蝶搬去新的家园。其他物种也有这种潜力，可以帮助自己在变暖的世界中生存下去吗？我们希望如此！

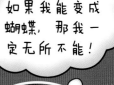
如果我能变成蝴蝶，那我一定无所不能！

及适应。如果一种濒危物种搬到另一种濒危物种的家园中生活，会发生什么？如果它们正好都只吃同一种食物该怎么办？谁会留下来？

至少目前看来，季诺格纹蛱蝶的新家很安全。但是通过电脑模型显示，假如世界持续变暖，40年后，这个新家也会变得既炎热又干燥，不适合蝴蝶生存。

2016年，圣地亚哥公园开始养殖季诺格纹蛱蝶，然后在野外把它们放生。科学家们希望通过这种方法，让季诺格纹蛱蝶有更多的时间来适应变化，繁衍后代。虽然这点帮助微不足道，但谁知道呢？也许这些坚强的蝴蝶会再一次给我们带来惊喜。

我好怀念泥潭啊！

我要搬到冰箱里住！

我喜欢水，但也得适可而止！

太平洋中有数千个小岛，而地球另一端的冰川融化改变了小岛上居民们的生活。

如果你住的小镇被海水淹没了，
你该怎么办？

关注潮水

朱迪·沃克　文
阿曼达·谢泼德　绘

地球的三分之一都被太平洋覆盖着。许多小岛散落在太平洋中。最近几年，岛上居民发现海水越来越高，海上的风暴变得更加猛烈。他们不禁担心：他们生活的家园是不是就要变了？

不要总想着陆地减少了。

多想想海洋变大了。

海平面上升

随着气候变暖，南北极厚厚的冰层正在融化，大量的水流进大海。就像往浴缸里放水一样，水面不断升高。水的温度越高，体积越大，所以海水变暖后，海平面上升得更多。科学家们预测，如果地球持续变暖，到2100年，世界海平面会上升0.5~1.5米，甚至更多。

这听起来并没有多少，但对于小岛居民和住在海边的人们来说，这是一个可怕的消息。

今天的潮水是不是更高了？

小岛生活

南太平洋的所罗门群岛由1000多个小岛组成。其中一些是平整的珊瑚岛，只比海平面高出一点点。另一些是火岛或者突出水面的大岩石。群岛上的所有人都注意到周围的海平面越来越高了。涨潮时，海水淹没了马路，涌进家家户户。沙滩也越来越少。从1947年到现在，所罗门群岛的5个小岛已经永远地消失在海水中了。

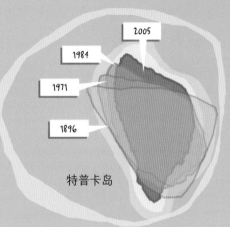
特普卡岛

珊瑚岛的形状经常改变，这是因为海浪会冲走一些部位的沙土，并把沙土填到另一些部位上。

岛上居民们的生活在其他方面也发生着改变。白天特别热，以至于人们没法在园地里干活。狂风暴雨的频率也有所增加。由于海平面上升，咸咸的海水渗进土地中，污染了水井，还杀死了树木和庄稼。

岛上的淡水是居民们收集在池塘中的雨水。但气候变化让这里好几个月不下雨，或连着下好长时间的雨。

上升的海平面还改变了一些岛屿的形状。海浪卷走了小岛这边的土壤，又把沙子堆到岛的另一边，这样，小岛的形状就改变了。珊瑚

白色的冰和积雪会反射太阳的热量。深色的土地和水源则会吸收太阳的热量。

地球变暖

冰川融化，陆地露出来，海洋面积增加

陆地和海洋吸收更多的热量

导致更多的冰融化

这片土地养育了我们，我们要保护它们。

大海温度上升，飓风威力更猛，把这一家人的房子都摧毁了。

岛民种植红树林，它可以牢牢抓住海沙，保护小岛不受风暴和海浪的影响。红树林不怕海水。

岛因此经常变化形状，而现在，它们变化的速度越来越快了。如果你正好住在被海水冲刷的一面上，就有些麻烦了。

但是所罗门群岛的居民没有轻易放弃。在科学家的帮助下，居民们修建了堤坝，保护家园不被上升的海水和狂风暴雨破坏。因为树木可以让土壤变得更坚固，所以居民们减少了对树木的砍伐。为了不让

海水灌进来，居民们把庄稼种在容器里，他们还会种些不怕盐水的植物。同时，他们还种了许多红树林和珊瑚。岛民们希望通过不懈的努力，能够找到一种方法保护小岛，至少暂时能保护小岛。

观察天气

库克群岛是太平洋上的另一片群岛，一些小岛地势平坦，一些则是高耸的火山。就算海平面升高，这些有山的小岛也不会被淹没。这些小岛最担心的是雨水，因为雨要么下个不停，要么就一滴也不下。大雨会引发洪水，把山上的土壤和房屋都冲到山脚下，但如果长时间不下雨，庄稼又会枯萎。

海平面上升，淹没土地

洪水更加频繁

饮用水

马尔文之海

普拉舍的海堤

沙子 沙子 沙子 沙子 沙子 沙子 沙子 沙子 沙子 沙子

新的珊瑚礁怎么样了？

我还在建呢！

珊瑚礁能够保护小岛不被海浪破坏，还能为岛上的居民提供食物。珊瑚礁就像屏障一样，可以减缓能淹没岛屿的大风浪还是许多鱼虾的家园。但随着海洋变暖，珊瑚礁正在慢慢死去。高温和空气中过多的二氧化碳对构成珊瑚的珊瑚虫非常不利。失去了健康的珊瑚礁，鱼儿们会迁移到别处，岛上居民们的食物就变得越来越少，参观的游客也会减少。

但库克群岛上的居民们有着很强的适应力。他们买了很多大桶，当暴雨突然来临，这些桶就用来收集雨水。他们把新房子建在远离海岸的地方，并且加固了

斐济岛民离开海岸附近的家，在山上建造新的镇子。

老房子。这样，狂风暴雨就不能摧毁他们的家园了。岛民还密切关注着珊瑚礁的变化。

搬到山上生活

每次潮水袭来，家园都会被洪水冲刷，于是斐济瓦努阿莱武岛的一个村庄做了一个大胆的决定——把整个村子都搬到山上去。在政府和教会组织的帮助下，村民们建房子，挖鱼塘，种菠萝。其实他们已经很幸运了。因为他们还可以住在山上，买下一片土地。有的村民怀念住在海边的时光，但至少现在他们村的人们安全地生活在一起。

如果珊瑚虫能够制造珊瑚礁，我们也能做到。

许多太平洋岛屿的居民在寻找新的小岛建立新家园，有的甚至在新的国家安家。他们中的大多数人都不愿意离开家乡，但海水占领了家园，他们也没有别的选择了。

谁来买单？

所有的办法——建海堤、蓄水、搬迁镇子都非常昂贵。一些岛国希望其他国家能帮助他们解决气候变化引发的问题，或者帮助他们找到新的家园。他们认为，毕竟全世界的国家使用化石燃料才造成了全球变暖，而太平洋岛民几乎没有污染过环境，却承受了太多环境污染的后果。如果美国和欧洲的汽车和工厂导致地球另一边的国家被大洪水淹没，到底该由谁来为这一切买单呢？

或许我们能从海洋中吸取教训。因为所有的海洋都彼此相连。南北极的冰川融化让斐济附近的海平面上升，海洋的任何角落都发生着同样的变化。牵一发而动全身，没有一片海能够幸免。如果想要解决气候变化带来的问题，全世界的人们必须齐心协力。

下沉的城市

海平面上升威胁的并不只有海上的小岛。世界上有数百万人都住在离海岸不远的地方。一些居民把家搬到了更高的地方或者离海岸更远的地方。但是大城市就没那么容易搬走了。所以他们需要找到另外的方法来解决洪水带来的问题。

由于潮水上升，洪水已经漫延到迈阿密海滩附近的居民区了。于是居民们把马路垫高了1米，并且用水泵把灌进城市的水抽出去。纽约正考虑建一堵16千米长的墙，用来挡住进攻曼哈顿的洪水。还有一种办法是在水下用混凝土修一道围栏，再用活的牡蛎把围栏包裹起来，保护斯塔顿岛不被海浪冲击。

有时候最好的办法就是疏通洪水。新奥尔良正在公园里挖池塘和泻湖，用来收集大雨或者飓风带来的水。波士顿也在考虑，如果城市里水位太高，就把一些街道改造成运河。

索尔·威克斯特龙 绘

神奇的瓶子

你能把一个纸团吹进汽水瓶里吗？

所需材料：

一个矿泉水瓶或者汽水瓶（大小不限）

一个和瓶口差不多大的纸团，它能轻松地进出瓶子

步骤：

把瓶子平放在桌上，纸团放在瓶口，然后找到你的朋友，和他打赌说他不能把纸团吹进瓶子里。听上去很简单，对吧？

他自信满满地吹了一口气，然后发生什么了呢？纸团跳了出来。不管找谁来试，都没有人能把纸团吹进瓶子里！

原理：

当你向瓶口吹气的时候，纸团面前的空气流动得很快，而它身后瓶子里的空气是静止的。别忘了，瓶子里装满了空气。

空气移动的速度越快，对物体的压力越小。所以纸团面前的空气压力比背后的空气压力小，纸团就弹出来了。

这叫做伯努利原理，飞机能飞起来也是因为这个原因。机翼的形状很特别，可以让机翼上方的空气流动速度更快，所以机翼下方的空气压力更大，就把机翼向上托了起来。

马尔文和他的朋友们

索尔·威克斯特龙　绘